特色农产品质量安全管控"一品一策"丛书

# 水蜜桃全产业链质量安全风险管控手册

戴 芬 李 真 赵学平 主编

U0245968

中国农业出版社
北 京

# 编 写 人 员

主　　编　戴　芬　李　真　赵学平
副 主 编　褚田芬　郭　璟　毛继晟
编写人员（按姓氏笔画排序）
　　　　　毛继晟　朱作艺　江云珠　苍　涛　李　真
　　　　　张荣封　周　艳　赵学平　胡心意　姜　遥
　　　　　姚佳蓉　翁奇伟　郭　璟　褚田芬　戴　芬
专家团队　王　强　张慧琴　熊彩珍
插　　图　杭州出尘文化传媒有限公司

# 前　言

水蜜桃（*Prunus persica*）为蔷薇科、桃属植物，原产于中国，距今已有 4 000 多年栽培历史，世界各地均有栽植。目前，我国是最大的水蜜桃种植区和生产国，栽培种类繁多，全国各地由南至北分布较广，长江三角洲为集中栽培区，其中位于江南水乡的太湖阳山一带是最为有名的水蜜桃产地。水蜜桃味甜，肉质细腻，芳香浓郁，果肉富含多种维生素、膳食纤维、蛋白质及矿物质，深得消费者的认可，是人们喜爱的大众水果之一。桃仁既可以吃，又可以入药。桃树是落叶乔木，树枝光滑，叶子狭长，树皮中含有桃胶，可食用，还可制中药。

近年来，水蜜桃栽培面积不断扩大，产业快速发展。但由于水蜜桃后熟迅速，皮薄多汁，容易受到机械损害，且其采收期正值 7—8 月高温高湿季节，病虫基数增加，易导致果实腐败变质和落果，商品果率和果实品质显著下降，极大地影响了桃农收益。加上生产过程中农药超范围使用、乱用滥用农药等情况时有发生，水蜜桃生产有潜在安全隐患。

2020年以来，浙江省农业农村厅、浙江省财政厅联合开展了农业标准化生产示范创建（"一县一品一策"）工作，项目组在调查、试验和研究的基础上，围绕绿色、优质、安全的生产目标，提出了基于水蜜桃绿色栽培的质量安全风险管控技术，运用通俗易懂的卡通图片和简单易懂的文字编写完成《水蜜桃全产业链质量安全风险管控手册》一书。本书适宜广大水蜜桃种植者和科技工作者参考使用，为指导水蜜桃病虫害防治中安全用药、提升水蜜桃绿色生产与质量安全水平提供技术支撑。

本书编写过程中，吸收了同行专家的研究成果，在此一并表示感谢。

由于知识有限和经验不足，疏漏之处在所难免，敬请广大读者批评指正。

编　者

2023年1月28日

# 目　　录

# 一、水蜜桃的营养价值

　　水蜜桃是一种营养价值很高的水果，含有蛋白质、膳食纤维、糖、钙、铁、磷和B族维生素、维生素C等多种成分。水蜜桃含丰富的铁，铁的含量比苹果高3倍，比梨高5倍，在水果中几乎占居首位，故吃桃能增加人体血红蛋白数量，防治贫血。桃富含果胶，经常食用可预防便秘。中医认为，桃味甘酸，性微温，具有补气养血、养阴生津、止咳杀虫等功效。桃的药用价值，主要在于桃仁，桃仁中含有苦杏仁苷、脂肪油、挥发油、苦

杏仁酶及维生素 $B_1$ 等，具有活血化瘀、平喘止咳的作用。《神农本草经》记载，"桃核仁味苦、平。主瘀血，血闭瘕邪，杀小虫"。桃胶也是一味中药，既能强壮滋补，又能调节血糖水平。桃对治疗肺病有独特功效，唐代名医孙思邈认为桃是"肺之果"，主张"肺病宜食之"。

# 二、水蜜桃生产流程

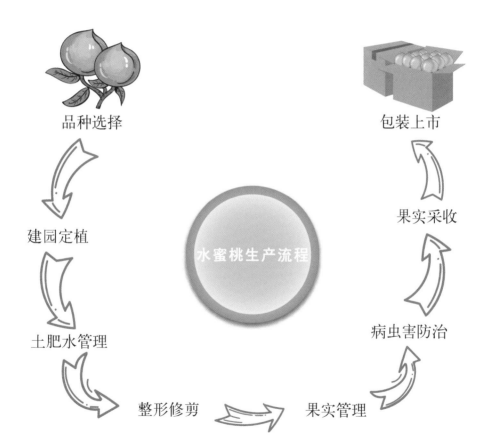

品种选择

包装上市

建园定植

果实采收

水蜜桃生产流程

土肥水管理

病虫害防治

整形修剪

果实管理

# 三、关键控制点及风险管控措施

## （一）园地选择

园地应选择在光照充足、地势较高、排水条件良好、土壤肥沃、地下水位较低的地块。选择远离污染源，交通便利，并具有可持续生产能力的农业生产区域。

桃树忌水，宜选疏松、排水透气性好、土层深厚、有机质丰富的土壤种植，有机质含量最好 ≥10 g/kg，地下水位在 1 m 以下。不要在重茬地建园，桃树忌连作，最好选新开地或与其他果树轮作。如需在原桃园继续种桃，则先进行全园深耕，挖除老桃

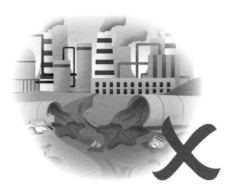

树根，定植时必须与原穴错开，并增施有机肥，注意氮、磷、钾三要素配合，以促进幼树正常生长发育。

## （二）园地规划

道路设计：根据桃园面积大小设主路、支路。主路宽 4 ~ 7 m，支路宽 2.5 ~ 3 m，道路旁应修筑水沟，沟深为 50 ~ 60 cm。

水利设施：修筑喷滴灌、蓄水池和灌溉排水沟等水利设施。

平地及坡度在 6°以下的缓坡地，栽植行为南北向。坡度在 6°~20°的山地、丘陵地，栽植行沿等高线延长。

## （三）品种选择

根据气候，结合品种类型、成熟期、品质、耐贮运性、抗逆性等制订品种规划方案，同时考虑市场、交通、消费和社会经济等综合因素。优先选用优质抗病、适宜本区土壤、高产且市场适销的水蜜桃品种，如早熟品种，早白凤、春美、春蜜；中熟品种，赤月、湖景蜜露、新玉；迟熟品种，晚白凤、晚湖景、徐蜜。从优质母本园中采集接穗，确保品种品系纯正。

早熟品种：早白凤

中熟品种：湖景蜜露

迟熟品种：徐蜜

应选择无根瘤病、根系较发达、侧根粗壮、嫁接部愈合程度较好、苗芽饱满的优质苗木。

## （四）栽培管理

### 1. 土壤管理

（1）土层和土质。选择排水良好、土层深厚的壤土栽植，土壤质地以沙壤土为好。土壤适宜 pH 为 4.9 ~ 7.0，pH 5.6 ~ 6.5 时生长最佳。

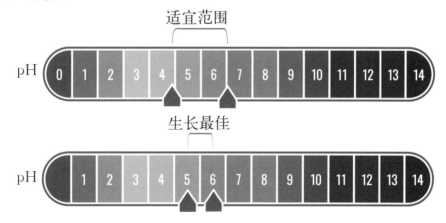

（2）深翻改土。每年秋季果实采收后结合秋施基肥深翻改土。

扩穴深翻，在定植穴（沟）外挖环状沟或平行沟，沟宽 50 cm，深 30～45 cm。全园深翻，应将栽植穴外的土壤全部深翻，深度为 30～40 cm。土壤回填时混入有机肥，然后充分灌水。

（3）中耕。果园生长季降雨或灌水后，及时中耕松土；中耕深度 5～10 cm。

桃园种草

（4）桃园种草（以草养桃）。提倡桃园实行生草制，减少除草剂的使用，改良土壤。水蜜桃吸收养分最终长成的关键时期，也正是矮草慢慢枯萎腐烂的时候，恰好成为天然的有机肥补充土壤营养，草丛根系吸收的水分也有保湿作用。此外，矮草丛里的瓢虫会捕食桃树上的蚜虫，有效除去水蜜桃生长过程中的害虫，营造良性的微生态圈。

目前试种的草有三叶草、黑麦草、鼠茅草、光叶苕子、紫云英。其中，鼠茅草需要每年播种，对土壤保湿效果较好；三叶草、光叶苕子、紫云英草籽会自动生长。

2. 定植

（1）定植时间。选用生长良好的壮苗，从秋冬11月下旬落叶后至翌年春天2月发芽前均可种植，但以春节前种植完毕为宜，春季种也应宜早不宜迟。

（2）定植密度。根据品种、树势、土壤质地、地形和栽培

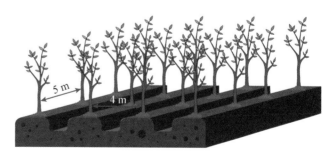

管理水平综合考虑，一般行株距 4 m × 5 m，每亩*种 33 株。

（3）定植方法。挖定植穴施底肥：定植穴宽 80 ~ 100 cm，深 60 ~ 70 cm。以亩栽 33 株桃树计，每亩施有机肥1 750 kg，磷肥25 kg。

栽植前，幼苗需解除薄膜，对苗木根系用 1% 硫酸铜溶液浸 5 min 后再放到 2% 石灰液中浸 2 min 进行消毒。栽苗时要将根系舒展开，苗木扶正，嫁接口朝迎风方向，边填土边轻轻

向上提苗、踏实，使根系与土充分密接；嫁接口需露出土面，栽植深度以根颈部与地面相平为宜；种植完毕后，立即浇透清水。

---

\* 亩为非法定计量单位。1 亩 = 1/15 hm$^2$。——编者注

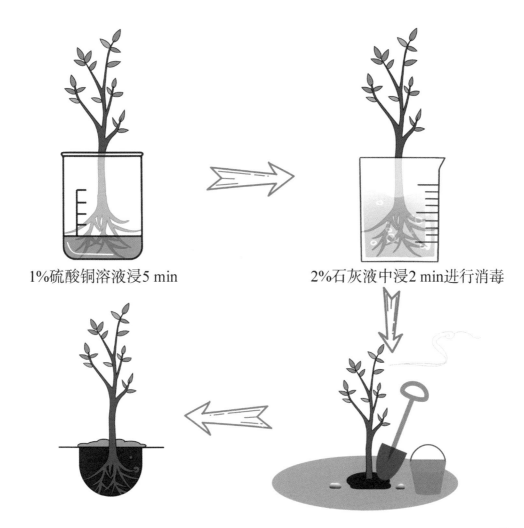

1%硫酸铜溶液浸5 min

2%石灰液中浸2 min进行消毒

### 3. 肥料使用

基肥：是一年中最主要的肥料，占全年施肥量的70%～80%，以10月秋季施肥为宜，基肥以有机肥为主，并须加适量速效氮肥及磷肥，高产桃园每亩应施腐熟厩肥1 500 kg或菜籽饼150 kg，过磷酸钙50 kg，尿素10 kg。原则上保持一斤*果、一斤肥的水平。

芽前肥：以氮肥为主，一般在2月下旬至3月上旬施入，施肥量因树势强弱和基肥用量不同而不同，若基肥已施足，树势又偏旺可少施或不施；反之，宜多施。

壮果肥：以钾为主，一般在5月下旬亩施硫酸钾30 kg，三元复合肥30 kg，对树势弱、结果多的桃树还应在采前20 d左右增施采果肥，以复合肥为主。

采后肥：以氮肥为主，对养分消耗多的弱树，每亩施尿素10 kg。

---

＊ 斤为非法定计量单位。1斤 = 500 g。——编者注

## （五）绿色防控

### 1. 农业防治

（1）应选择抗病性、抗逆性强的桃树品种，选用无检疫性病虫害苗木，避免与梨树、李树等果树混栽。

梨树　　　　　　桃树

（2）宜建立完善的桃园道路、防风设施和排灌系统。

防风棚

（3）生长季适时修剪，合理负载，保持桃园通风透光。

（4）合理施肥，增施有机肥和磷钾肥，控施氮肥。结合秋施基肥，深翻土壤。

（5）宜行间生草，适时刈割，因地制宜选用草种，如白三叶草、苜蓿、光叶苕子等。

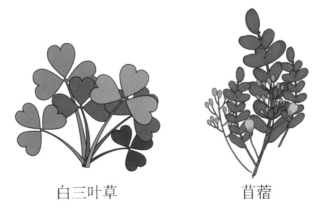

白三叶草　　　　　　　苜蓿

（6）对为害中心明显、虫口密度大、有假死性和个体较大的害虫，根据害虫的栖息位置和生活习性采用人工或简单器械进行捕杀。

（7）冬季清园，刮除翘皮、病斑，剪除病虫枝条，及时清除园内枯枝、落叶，并带出果园集中处理。冬季修剪后对树体和地表喷施 3 ~ 5 波美度石硫合剂。

（8）立冬前后主干刷白。

2. 物理防控

（1）适时套袋。根据实际生产需要选择专用纸袋，适时对果实进行逐一套袋。早熟品种可不套袋。

（2）色板诱杀。在距离地面1.5 m左右的树枝上挂粘虫黄板，诱杀蚜虫等害虫，每亩放置40～60块，及时更换废板并集中回收处置。

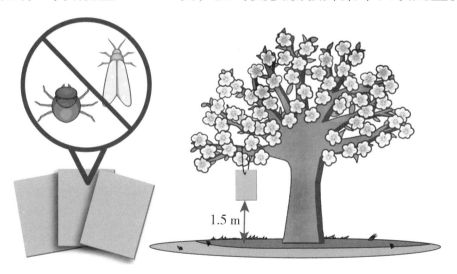

（3）灯光诱杀。对桃蛀螟、食心虫、蛾类、金龟子等害虫，可安装频振式杀虫灯或黑光灯诱杀；宜连片统一，每 2 hm$^2$ 1 盏，高度离地 2.5 m 左右，且高于树冠顶部 0.2 m 以上。

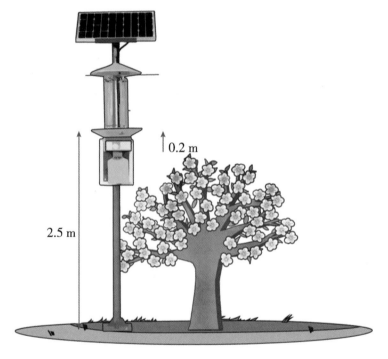

（4）防虫网。设施栽培的桃园可加装 18 ~ 22 目的防虫网。

（5）防护网。宜搭建防鸟网。

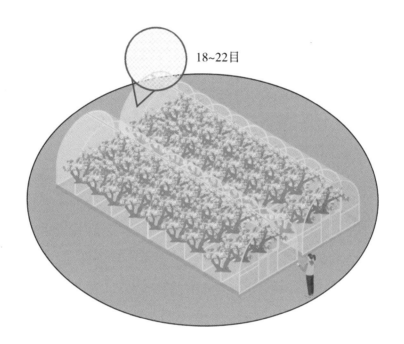

18~22目

3. 生物防控

（1）可种植油菜、蚕豆等蜜源性作物，保护和利用寄生蜂、蜻蜓、瓢虫等优势天敌种群及有益生物。

（2）可在果园四角或四边栽植诱集植物，如向日葵等，诱集成虫集中在花盘上产卵，以减少对果树的危害。

（3）秋季可在果树第1分枝下方 10～20 cm 处绑缚瓦楞纸诱虫带、草纸和干稻草等，引诱梨小食心虫等害虫进入其中越冬，待翌年出蛰前取下并集中销毁。

（4）花期每亩悬挂5个糖醋液罐（红糖∶醋∶酒∶水＝2∶6∶1∶20），悬挂高度 1.2 m 左右，诱杀梨小食心虫、金龟子和蛾类等害虫，及时收虫并补充糖醋液。

（5）可使用梨小食心虫、桃小食心虫、桃蛀螟、卷叶蛾等诱芯和诱捕器，悬挂高度 1.5 m 左右，每亩放置 3～5 个为宜。

（6）可使用梨小食心虫信息素迷向丝，每株1根，悬挂于树冠中上部外围枝条，干扰害虫交配。

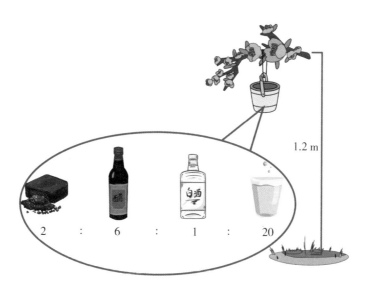

2 : 6 : 1 : 20

1.2 m

### 4. 化学防控

合理选择低毒、低残留的农药品种。禁止使用国家明令禁止的农药。

把握好病虫害防治的最佳时期，对症用药，科学用药，严格控制安全间隔期、施药量和施药次数。

水蜜桃主要病虫害防治用药推荐见表 1。

### 表 1 水蜜桃主要病虫害防治用药推荐

| 防治对象 | 农药通用名 | 浓度及剂型 | 制剂用药量 | 使用方法 | 每年使用最多次数（次） | 安全间隔期（d） |
|---|---|---|---|---|---|---|
| 越冬期病虫源、缩叶病 | 石硫合剂 | 45%晶体 | 20～30 倍液 | 萌芽前 1 周内喷雾 | 1～2 | — |
| 流胶病 | 多黏类芽孢杆菌 | 50 亿 CFU/g 可湿性粉剂 | 1 000～1 500 倍液 | 在萌芽期、初花期、果实膨大期进行灌根加涂抹病斑处理 | 3 | — |

（续）

| 防治对象 | 农药通用名 | 浓度及剂型 | 制剂用药量 | 使用方法 | 每年使用最多次数（次） | 安全间隔期（d） |
|---|---|---|---|---|---|---|
| 细菌性穿孔病 | 戊唑·噻唑锌 | 40%悬浮剂 | 800～1 200倍液 | 病害发生初期喷雾 | 3 | 14 |
| | 噻唑锌 | 40%悬浮剂 | 600～1 000倍液 | 病害发生初期喷雾 | 3 | 21 |
| | 春雷·喹啉铜 | 45%悬浮剂 | 2 000～3 000倍液 | 病害发生前或发生初期喷雾 | 3 | 14 |
| 褐斑穿孔病 | 硫黄 | 80%水分散粒剂 | 500～1 000倍液 | 病害发生前或发生初期喷雾 | 4 | — |
| | 春雷霉素 | 20%水分散粒剂 | 2 000～3 000倍液 | 病害发生初期喷雾 | 3 | 10 |
| | 苯甲·嘧菌酯 | 325 g/L悬浮剂 | 1 500～2 000倍液 | 病害发生前或发生初期喷雾 | 3 | 14 |
| | 唑醚·代森联 | 60%水分散粒剂 | 1 000～2 000倍液 | 病害发生前或发生初期喷雾 | 3 | 28 |

（续）

| 防治对象 | 农药通用名 | 浓度及剂型 | 制剂用药量 | 使用方法 | 每年使用最多次数（次） | 安全间隔期（d） |
|---|---|---|---|---|---|---|
| 褐腐病 | 腈苯唑 | 24%悬浮剂 | 2 500～3 200倍液 | 桃谢花后和采收前30～45 d喷雾 | 3 | 14 |
| | 小檗碱盐酸盐 | 10%可湿性粉剂 | 800～1 000倍液 | 病害发生前或发生初期喷雾 | — | — |
| | 唑醚·啶酰菌 | 38%水分散粒剂 | 1 500～2 000倍液 | 病害发生前或发生初期喷雾 | 3 | 28 |
| 蚜虫 | 氟啶虫胺腈 | 22%悬浮剂 | 5 000～10 000倍液 | 虫害发生始盛期对叶片均匀喷雾 | 2 | 7 |
| | | 50%水分散粒剂 | 15 000～20 000倍液 | 在虫害初期喷雾 | 2 | 14 |
| | 氟啶虫酰胺 | 20%悬浮剂 | 3 000～5 000倍液 | 花前、花后和新梢迅速生长初期喷雾 | 1 | 21 |
| | 氟啶虫酰胺·联苯菊酯 | 15%悬浮剂 | 3 000～5 000倍液 | 桃蚜发生初期或始盛期均匀喷雾 | 1 | 14 |
| | 金龟子绿僵菌CQMa421 | 80亿个/mL可分散油悬浮剂 | 1 000～2 000倍液 | 蚜虫卵孵化盛期或低龄幼虫期喷雾 | — | — |

（续）

| 防治对象 | 农药通用名 | 浓度及剂型 | 制剂用药量 | 使用方法 | 每年使用最多次数（次） | 安全间隔期（d） |
|---|---|---|---|---|---|---|
| 蚜虫 | 噻虫·吡蚜酮 | 35%水分散粒剂 | 3 500～4 500倍液 | 蚜虫卵孵化盛期和低龄若虫初期均匀喷雾 | 3 | 10 |
| | 苦参碱 | 0.5%水剂 | 1 000～2 000倍液 | 蚜虫若蚜盛发初期均匀喷雾 | 1 | 7 |
| | 吡蚜·螺虫酯 | 75%水分散粒剂 | 4 000～6 000倍液 | 桃树落花后1～3 d，嫩叶初展期喷雾 | 1 | 90 |
| 尺蠖、食心虫、桃蛀螟 | 苏云金杆菌 | 8 000IU/μL悬浮剂 | 200倍液 | 在害虫卵孵化盛期到低龄幼虫期喷雾 | — | — |
| 梨小食心虫 | 梨小性迷向素 | 5%饵剂 | 80～100 g/亩 | 在春季桃树露红期（越冬代成虫羽化前）投饵使用 | 1 | |
| | 苏云金杆菌 | 32 000IU/mg可湿性粉剂 | 200～400倍液 | 在害虫卵孵化盛期到低龄幼虫盛发期对作物叶片均匀喷雾 | — | — |
| 天牛 | 高效氯氰菊酯 | 3%微囊悬浮剂 | 600～1 000倍液 | 在成虫羽化期于树干、大枝和树冠层等害虫出没处喷雾 | 1 | 14 |

## （六）采收包装

### 1. 采收要求

在采收时，应轻采、轻放，边采收、边分级包装，不宜多次翻动。采收、分级过程中，使用的工具应清洁卫生。

### 2. 采收作业

采收时，操作者应穿着干净的工作服及佩戴采摘用手套。工作服及手套等应随时洗涤，并置于清洁处保存。有感冒、腹泻、呕吐等症状的人员不能参与水蜜桃采收。

### 3. 包装

包装材料应无毒、无害、清洁。单果包装材料和垫层材料需柔软、有一定透气性。外包装材料要求牢固、美观、干燥、无尖突物。同批商品的包装材料质地、色泽应一致。

## （七）贮运

包装的成品，应在规定的贮藏室存放；运输过程中应防止混入有毒、有害物质。

# 四、产品检测

## （一）检测要求

采收前应进行质量安全检测，可委托有资质的单位检测或自行检测。检测合格后方可上市销售。检测报告至少保存 2 年。

## （二）合格证

水蜜桃上市销售时，水蜜桃生产者应出具合格证。

**承诺达标合格证**

**我承诺对生产销售的食用农产品：**

☐ 不使用禁用农药兽药、停用兽药和非法添加物

☐ 常规农药兽药残留不超标

☐ 对承诺的真实性负责

**承诺依据：**

☐ 委托检测    ☐ 自我检测

☐ 内部质量控制   ☐ 自我承诺

————————————————————

产品名称：    数量(重量)：

产  地：

生产者盖章或签字：

联系方式：

开具日期： 年 月 日

330106000001

农产品合格证

# 五、生产记录

　　种植者应建立水蜜桃种植生产过程中各个环节的有效记录，详细记录主要农事活动，尤其是农药和肥料的使用情况需特别注意，如名称、有效成分、登记证号、使用日期、使用量、使用方法、使用人员等。水蜜桃生产园地农业投入品使用记录见表2。

　　生产过程中各个环节的有效记录档案应保留2年以上。

## 表2 水蜜桃生产园地农业投入品使用记录

园地名称：                                    填表人：

| 使用日期 | 地号 | 面积（亩） | 农业投入品名称（有效成分及含量、登记证号） | 使用量（kg/亩） | 稀释倍数 | 防治对象 | 施用人 | 预计采摘期 | 备注 |
|---|---|---|---|---|---|---|---|---|---|
|  |  |  |  |  |  |  |  |  |  |
|  |  |  |  |  |  |  |  |  |  |
|  |  |  |  |  |  |  |  |  |  |
|  |  |  |  |  |  |  |  |  |  |
|  |  |  |  |  |  |  |  |  |  |
|  |  |  |  |  |  |  |  |  |  |
|  |  |  |  |  |  |  |  |  |  |

声明：

上述农业投入品使用记录真实，本人愿意承担相应的法律责任。

植保员（签字）：                          园地负责人（签字）：

年　月　日                                年　月　日

# 六、产品追溯

鼓励应用浙农码等现代信息技术和网络技术，建立水蜜桃追溯信息体系，将水蜜桃生产、运输流通、销售等各节点信息互联互通，实现水蜜桃从产地到餐桌的全程质量管控。

# 七、产品认证(定)

**绿色食品**

　　绿色食品，是指遵循可持续发展原则，按照特定生产方式生产，经专门机构认定，许可使用绿色食品标志，无污染的安全、优质、营养类食品。

## 农产品地理标志

农产品地理标志，是指标示农产品来源于特定地域，产品品质和相关特征主要取决于自然生态环境和历史人文因素，并以地域名称冠名的特有农产品标志。

## 有机食品

有机食品，是指来自有机农业生产体系，根据有机农业生产要求和相应的标准生产加工，并通过合法的有机食品认证机构认证，允许使用有机食品标志的农副产品及其加工品。

## 良好农业规范（GAP）

良好农业规范，简称 GAP（good agricultural practice），是一种适用方法和体系，通过经济的、环境的和社会的可持续发展措施，来保障食品安全和食品质量。

一级认证标志　　　　　　　　二级认证标志

# 八、农资管理

## （一）农资采购

一要看证照。要到经营证照齐全、经营信誉良好的合法农资商店购买。不要从流动商贩或无证经营的农资商店购买。

二要看标签。要认真查看产品包装和标签标识上的农药名称、有效成分及含量、农药登记证号、农药生产许可证号或农药生产批准文件号、产品标准号、企业名称及联系方式、生产日期、产品批号、有效期、用途、使用技术和使用

方法、毒性等事项，查验产品质量合格证。不要盲目轻信广告宣传和商家推荐。

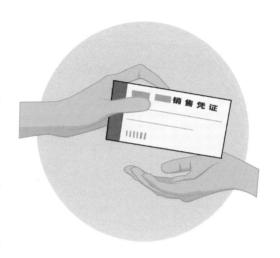

三要索要票据。要向经营者索要销售凭证，并连同产品包装物、标签等妥善保存好，以备出现质量等问题时作为索赔依据。不要接受未注明品种、名称、数量、价格及销售者的字据或收条。

## （二）农资存放

农药和肥料存放时分门别类。

存放农药的地方须上锁。使用后剩余农药应保存在原来的包装容器内。

收集空农药瓶、农药袋、施药后剩余药液等进行集中处理。

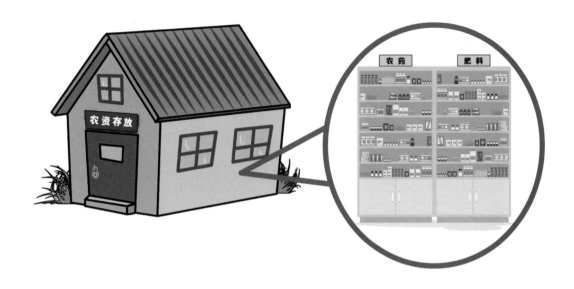

## （三）农资使用

为保障操作者身体安全，特别是预防农药中毒，操作者作业时须穿戴保护装备，如帽子、保护眼罩、口罩、手套、防护服等。

身体不舒服时，不宜喷洒农药。

喷洒农药后，如出现呼吸困难、呕吐、抽搐等症状，应及时就医，并准确告诉医生所喷洒农药的名称及种类。

# 附　　录

## 附录 1　农药基本知识

农药分类

### 杀　虫　剂

主要用来防治农、林、卫生、储粮及畜牧等方面的害虫。

# 杀　菌　剂

对植物体内的真菌、细菌或病毒等具有杀灭或抑制作用，用以预防或防治作物的各种病害的药剂。

## 除 草 剂

用来杀灭或控制杂草生长的农药。

## 植物生长调节剂

人工合成的具有调节植物生长发育的生物或化学制剂。

## 农药毒性分级及其标识

农药毒性分为剧毒、高毒、中等毒、低毒、微毒5个级别。

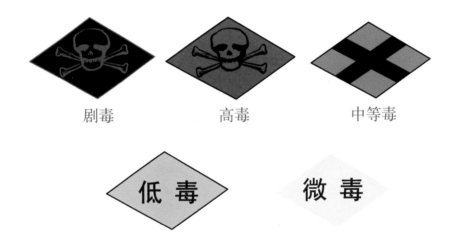

剧毒　　　　高毒　　　　中等毒

## 安全使用农药象形图

象形图应当根据产品实际使用的操作要求和顺序排列，包括贮存象形图、操作象形图、忠告象形图、警告象形图。

| | |
|---|---|
| 贮存象形图 | <br>放在儿童接触不到的地方，并加锁 |
| 操作象形图 | <br>配制液体农药时……　　配制固体农药时……　　喷药时…… |
| 忠告象形图 | <br>戴手套　　　　　戴防护罩　　　　戴防毒面具<br><br>用药后需清洗　　　戴口罩　　　　　穿胶靴 |
| 警告象形图 | <br>危险/对家畜有害　　　危险/对鱼有害，不要污染<br>　　　　　　　　　　　湖泊、河流、池塘和小溪 |

## 附录 2  水蜜桃上禁止使用的农药清单

根据中华人民共和国农业部公告第 199 号，第 322 号，第 747 号，第 1157 号，第 1586 号，第 2032 号，第 2289 号，第 2552 号，农农发〔2010〕2 号通知，四部委联合发布禁止高毒农药使用相关事宜的公告第 632 号，发改委、农业部等六部委公告 2008 年第 1 号，农业部、工业和信息化部、国家质量监督检验检疫总局公告第 1745 号等规定，提出水蜜桃上禁止使用农药：

六六六、滴滴涕、毒杀芬、艾氏剂、狄氏剂、除草醚、二溴乙烷、杀虫脒、敌枯双、二溴氯丙烷、汞制剂、砷、铅、氟乙酰胺、毒鼠强、氟乙酸钠、甘氟、毒鼠硅、甲胺磷、甲基对硫磷、对硫磷、久效磷、磷胺、苯线磷、地虫硫磷、甲基硫环磷、磷化钙、磷化镁、磷化锌、硫线磷、蝇毒磷、治螟磷、特丁硫磷、氯磺隆、甲磺隆、胺苯磺隆、福美胂、福美甲胂、百草枯、甲拌磷、甲基异柳磷、内吸磷、灭线磷、硫环磷、氯唑磷、涕灭威、克百威、水胺硫磷、灭多威、氧乐果、乐果、杀扑磷、氟虫腈、氟虫胺、氯化苦、三氯杀螨醇、溴甲烷、丁酰肼（比久）、乙酰甲胺磷、丁硫克百威、林丹、硫丹。

国家新禁用的农药自动录入。

## 附录3　我国水蜜桃农药最大残留限量

| 序号 | 名称 | 限量（mg/kg） | 类别/名称 | 序号 | 名称 | 限量（mg/kg） | 类别/名称 |
|---|---|---|---|---|---|---|---|
| 1 | 阿维菌素 | 0.03 | 桃 | 17 | 敌敌畏 | 0.1 | 桃 |
| 2 | 胺苯吡菌酮 | 4* | 桃 | 18 | 敌螨普 | 0.1* | 桃 |
| 3 | 百菌清 | 0.2 | 桃 | 19 | 毒死蜱 | 3 | 桃 |
| 4 | 保棉磷 | 2 | 桃 | 20 | 多果定 | 5* | 桃 |
| 5 | 苯丁锡 | 7 | 桃 | 21 | 多菌灵 | 2 | 桃 |
| 6 | 苯氟磺胺 | 5 | 桃 | 22 | 二嗪磷 | 0.2 | 桃 |
| 7 | 苯菌酮 | 0.7* | 桃 | 23 | 二氰蒽醌 | 2* | 桃 |
| 8 | 苯醚甲环唑 | 0.5 | 桃 | 24 | 粉唑醇 | 0.6 | 桃 |
| 9 | 吡虫啉 | 0.5 | 桃 | 25 | 呋虫胺 | 0.8 | 桃 |
| 10 | 吡蚜酮 | 0.5 | 桃 | 26 | 氟吡菌酰胺 | 1* | 桃 |
| 11 | 吡唑醚菌酯 | 1 | 桃 | 27 | 氟啶虫胺腈 | 0.4* | 桃 |
| 12 | 丙环唑 | 5 | 桃 | 28 | 氟啶虫酰胺 | 0.7 | 桃 |
| 13 | 虫酰肼 | 0.5 | 桃 | 29 | 氟硅唑 | 0.2 | 桃 |
| 14 | 除虫脲 | 0.5 | 桃 | 30 | 氟氯氰菊酯和高效氟氯氰菊酯 | 0.5 | 桃 |
| 15 | 春雷霉素 | 1* | 桃 | | | | |
| 16 | 代森联 | 5 | 桃 | 31 | 氟唑菌酰胺 | 1.5* | 桃 |

（续）

| 序号 | 名称 | 限量（mg/kg） | 类别/名称 | 序号 | 名称 | 限量（mg/kg） | 类别/名称 |
|---|---|---|---|---|---|---|---|
| 32 | 环酰菌胺 | 10* | 桃 | 46 | 氯硝胺 | 7 | 桃 |
| 33 | 活化酯 | 0.2 | 桃 | 47 | 马拉硫磷 | 6 | 桃 |
| 34 | 甲氨基阿维菌素苯甲酸盐 | 0.03 | 桃 | 48 | 醚菊酯 | 0.6 | 桃 |
| | | | | 49 | 嘧菌酯 | 2 | 桃 |
| 35 | 腈苯唑 | 0.5 | 桃 | 50 | 嘧霉胺 | 4 | 桃 |
| 36 | 腈菌唑 | 3 | 桃 | 51 | 灭幼脲 | 2 | 桃 |
| 37 | 抗蚜威 | 0.5 | 桃 | 52 | 嗪氨灵 | 5* | 桃 |
| 38 | 克菌丹 | 20 | 桃 | 53 | 氰戊菊酯和S-氰戊菊酯 | 1 | 桃 |
| 39 | 联苯三唑醇 | 1 | 桃 | | | | |
| 40 | 螺虫乙酯 | 2* | 桃 | 54 | 噻嗪酮 | 9 | 桃 |
| 41 | 螺螨酯 | 2 | 桃 | 55 | 噻唑锌 | 1* | 桃 |
| 42 | 氯苯嘧啶醇 | 0.5 | 桃 | 56 | 双甲脒 | 0.5 | 桃 |
| 43 | 氯虫苯甲酰胺 | 2* | 桃 | 57 | 戊菌唑 | 0.1 | 桃 |
| 44 | 氯氟氰菊酯和高效氯氟氰菊酯 | 0.5 | 桃 | 58 | 戊唑醇 | 2 | 桃 |
| | | | | 59 | 溴氰虫酰胺 | 1.5* | 桃 |
| 45 | 氯氰菊酯和高效氯氰菊酯 | 1 | 桃 | 60 | 溴氰菊酯 | 0.05 | 桃 |
| | | | | 61 | 亚胺硫磷 | 10 | 桃 |

（续）

| 序号 | 名称 | 限量（mg/kg） | 类别/名称 | 序号 | 名称 | 限量（mg/kg） | 类别/名称 |
|---|---|---|---|---|---|---|---|
| 62 | 乙基多杀菌素 | 0.3* | 桃 | 77 | 草铵膦 | 0.15 | 核果类水果 |
| 63 | 异菌脲 | 10 | 桃 | 78 | 草甘膦 | 0.1 | 核果类水果 |
| 64 | 2，4-滴和2，4-滴钠盐 | 0.05 | 核果类水果 | 79 | 草枯醚 | 0.01* | 核果类水果 |
| | | | | 80 | 草芽畏 | 0.01* | 核果类水果 |
| 65 | 胺苯磺隆 | 0.01 | 核果类水果 | 81 | 敌百虫 | 0.2 | 核果类水果 |
| 66 | 巴毒磷 | 0.02* | 核果类水果 | 82 | 敌草快 | 0.02 | 核果类水果 |
| 67 | 百草枯 | 0.01* | 核果类水果 | 83 | 地虫硫磷 | 0.01 | 核果类水果 |
| 68 | 倍硫磷 | 0.05 | 核果类水果 | 84 | 丁硫克百威 | 0.01 | 核果类水果 |
| 69 | 苯嘧磺草胺 | 0.01* | 核果类水果 | 85 | 啶虫脒 | 2 | 核果类水果 |
| 70 | 苯线磷 | 0.02 | 核果类水果 | 86 | 啶酰菌胺 | 3 | 核果类水果 |
| 71 | 吡氟禾草灵和精吡氟禾草灵 | 0.01 | 核果类水果 | 87 | 毒虫畏 | 0.01 | 核果类水果 |
| | | | | 88 | 毒菌酚 | 0.01* | 核果类水果 |
| 72 | 吡噻菌胺 | 4* | 核果类水果 | 89 | 对硫磷 | 0.01 | 核果类水果 |
| 73 | 吡唑萘菌胺 | 0.4* | 核果类水果 | 90 | 多杀霉素 | 0.2* | 核果类水果 |
| 74 | 丙炔氟草胺 | 0.02 | 核果类水果 | 91 | 二溴磷 | 0.01* | 核果类水果 |
| 75 | 丙森锌 | 7 | 核果类水果 | 92 | 伏杀硫磷 | 2 | 核果类水果 |
| 76 | 丙酯杀螨醇 | 0.02* | 核果类水果 | 93 | 氟苯虫酰胺 | 2* | 核果类水果 |

| 序号 | 名称 | 限量（mg/kg） | 类别/名称 | 序号 | 名称 | 限量（mg/kg） | 类别/名称 |
|---|---|---|---|---|---|---|---|
| 94 | 氟吡甲禾灵和高效氟吡甲禾灵 | 0.02* | 核果类水果 | 110 | 甲氧滴滴涕 | 0.01 | 核果类水果 |
| | | | | 111 | 久效磷 | 0.03 | 核果类水果 |
| 95 | 氟虫腈 | 0.02 | 核果类水果 | 112 | 克百威 | 0.02 | 核果类水果 |
| 96 | 氟除草醚 | 0.01* | 核果类水果 | 113 | 乐果 | 0.01 | 核果类水果 |
| 97 | 氟酰脲 | 7 | 核果类水果 | 114 | 乐杀螨 | 0.05* | 核果类水果 |
| 98 | 咯菌腈 | 5 | 核果类水果 | 115 | 联苯肼酯 | 2 | 核果类水果 |
| 99 | 格螨酯 | 0.01* | 核果类水果 | 116 | 磷胺 | 0.05 | 核果类水果 |
| 100 | 庚烯磷 | 0.01* | 核果类水果 | 117 | 硫丹 | 0.05 | 核果类水果 |
| 101 | 环螨酯 | 0.01* | 核果类水果 | 118 | 硫环磷 | 0.03 | 核果类水果 |
| 102 | 甲胺磷 | 0.05 | 核果类水果 | 119 | 硫线磷 | 0.02 | 核果类水果 |
| 103 | 甲拌磷 | 0.01 | 核果类水果 | 120 | 氯苯甲醚 | 0.01 | 核果类水果 |
| 104 | 甲磺隆 | 0.01 | 核果类水果 | 121 | 氯磺隆 | 0.01 | 核果类水果 |
| 105 | 甲基对硫磷 | 0.02 | 核果类水果 | 122 | 氯菊酯 | 2 | 核果类水果 |
| 106 | 甲基硫环磷 | 0.03* | 核果类水果 | 123 | 氯酞酸 | 0.01* | 核果类水果 |
| 107 | 甲基异柳磷 | 0.01* | 核果类水果 | 124 | 氯酞酸甲酯 | 0.01 | 核果类水果 |
| 108 | 甲氰菊酯 | 5 | 核果类水果 | 125 | 氯唑磷 | 0.01 | 核果类水果 |
| 109 | 甲氧虫酰肼 | 2 | 核果类水果 | 126 | 茅草枯 | 0.01* | 核果类水果 |

（续）

| 序号 | 名称 | 限量（mg/kg） | 类别/名称 | 序号 | 名称 | 限量（mg/kg） | 类别/名称 |
|---|---|---|---|---|---|---|---|
| 127 | 嘧菌环胺 | 2 | 核果类水果 | 144 | 杀扑磷 | 0.05 | 核果类水果 |
| 128 | 灭草环 | 0.05* | 核果类水果 | 145 | 水胺硫磷 | 0.05 | 核果类水果 |
| 129 | 灭多威 | 0.2 | 核果类水果 | 146 | 四螨嗪 | 0.5 | 核果类水果 |
| 130 | 灭螨醌 | 0.01 | 核果类水果 | 147 | 速灭磷 | 0.01 | 核果类水果 |
| 131 | 灭线磷 | 0.02 | 核果类水果 | 148 | 特丁硫磷 | 0.01* | 核果类水果 |
| 132 | 内吸磷 | 0.02 | 核果类水果 | 149 | 特乐酚 | 0.01* | 核果类水果 |
| 133 | 噻草酮 | 0.09* | 核果类水果 | 150 | 涕灭威 | 0.02 | 核果类水果 |
| 134 | 噻虫胺 | 0.2 | 核果类水果 | 151 | 肟菌酯 | 3 | 核果类水果 |
| 135 | 噻虫啉 | 0.5 | 核果类水果 | 152 | 戊硝酚 | 0.01* | 核果类水果 |
| 136 | 噻虫嗪 | 1 | 核果类水果 | 153 | 烯虫炔酯 | 0.01* | 核果类水果 |
| 137 | 噻螨酮 | 0.3 | 核果类水果 | 154 | 烯虫乙酯 | 0.01* | 核果类水果 |
| 138 | 三氟硝草醚 | 0.01* | 核果类水果 | 155 | 消螨酚 | 0.01* | 核果类水果 |
| 139 | 三氯杀螨醇 | 0.01 | 核果类水果 | 156 | 辛硫磷 | 0.05 | 核果类水果 |
| 140 | 杀草强 | 0.05 | 核果类水果 | 157 | 溴甲烷 | 0.02 | 核果类水果 |
| 141 | 杀虫脒 | 0.01 | 核果类水果 | 158 | 氧乐果 | 0.02 | 核果类水果 |
| 142 | 杀虫畏 | 0.01 | 核果类水果 | 159 | 乙酰甲胺磷 | 0.02 | 核果类水果 |
| 143 | 杀螟硫磷 | 0.5 | 核果类水果 | 160 | 乙酯杀螨醇 | 0.01 | 核果类水果 |

（续）

| 序号 | 名称 | 限量（mg/kg） | 类别/名称 | 序号 | 名称 | 限量（mg/kg） | 类别/名称 |
|---|---|---|---|---|---|---|---|
| 161 | 抑草蓬 | 0.05* | 核果类水果 | 169 | 狄氏剂 | 0.02 | 核果类水果 |
| 162 | 苘草酮 | 0.01* | 核果类水果 | 170 | 毒杀芬 | 0.05* | 核果类水果 |
| 163 | 苘虫威 | 1 | 核果类水果 | 171 | 六六六 | 0.05 | 核果类水果 |
| 164 | 蝇毒磷 | 0.05 | 核果类水果 | 172 | 氯丹 | 0.02 | 核果类水果 |
| 165 | 治螟磷 | 0.01 | 核果类水果 | 173 | 灭蚁灵 | 0.01 | 核果类水果 |
| 166 | 唑螨酯 | 0.4 | 核果类水果 | 174 | 七氯 | 0.01 | 核果类水果 |
| 167 | 艾氏剂 | 0.05 | 核果类水果 | 175 | 异狄氏剂 | 0.05 | 核果类水果 |
| 168 | 滴滴涕 | 0.05 | 核果类水果 | | | | |

注：引自《食品安全国家标准　食品中农药最大残留限量》（GB 2763—2021）。"＊"表示该限量为临时限量。

# 参 考 文 献

蔡静，孙红玲，张建模，2008. 水蜜桃高优栽培技术［J］. 现代农业科技（7）：40.

李楚羚，邹宜静，钟林炳，等，2015. 杭州市桃产业现状与对策［J］. 浙江农业科学，56（2）：189－191.

李忠元，王程安，陈锡浩，等，2021. 宁波市水蜜桃优质高效栽培技术［J］. 上海农业科技（3）：60－61＋68.

马悦，2018. "以草养桃"走出致富新路［J］. 农家致富（16）：17.

倪晔，丁卓平，刘振华，2010. 不同保鲜剂处理对水蜜桃贮藏效果的研究［J］. 食品研究与开发，31（1）：162－165.

王秀芬，张敏，2013. 水蜜桃套袋及其配套技术试验［J］. 现代农业科技（24）：88＋92.

王正耀，2019. 水蜜桃主要病虫害防治技术［J］. 乡村科技（35）：94－95.

张慧琴，周慧芬，汪末根，等，2019. 浙江省桃产业现状与发展思路［J］. 浙江农业科学，60（1）：1－3＋8.

章锦杨，2015. 水蜜桃主要病虫害防治技术［J］. 农业与技术，35（4）：149.

张英媛，赵金学，2002. 无锡水蜜桃主要病虫害防治［J］. 江苏绿化（3）：36.

**图书在版编目（CIP）数据**

水蜜桃全产业链质量安全风险管控手册／戴芬，李真，赵学平主编 . —北京：中国农业出版社，2023.11
（特色农产品质量安全管控"一品一策"丛书）
ISBN 978 - 7 - 109 - 30968 - 5

Ⅰ . ①水…　Ⅱ . ①戴… ②李… ③赵…　Ⅲ . ①桃 - 果树园艺 - 产业链 - 质量管理 - 安全管理 - 手册　Ⅳ . ①S662. 1 - 62

中国国家版本馆 CIP 数据核字（2023）第 147423 号

---

中国农业出版社出版

地址：北京市朝阳区麦子店街 18 号楼
邮编：100125
责任编辑：杨晓改　耿韶磊　　版式设计：杨　婧　　责任校对：张雯婷
印刷：北京缤索印刷有限公司
版次：2023 年 11 月第 1 版　　印次：2023 年 11 月北京第 1 次印刷
发行：新华书店北京发行所
开本：787mm×1092mm　1/24
印张：2.5　　字数：30 千字
定价：48.00 元

---